U0380908

甜蜜又芬芳

蜜蜂的世界你懂吗?

（上）

咚咚 著

律玉辉 绘画

中国农业出版社

北京

图书在版编目（CIP）数据

甜蜜又芬芳：蜜蜂的世界你懂吗？ / 咚咚著. —
北京：中国农业出版社，2023.9
ISBN 978-7-109-31106-0

Ⅰ.①甜…　Ⅱ.①咚…　Ⅲ.①蜜蜂—普及读物　Ⅳ.
①Q969.557.7-49

中国国家版本馆CIP数据核字（2023）第175721号

中国农业出版社出版

地址：北京市朝阳区麦子店街18号楼
邮编：100125
责任编辑：闫保荣
责任校对：吴丽婷
印刷：北京盛通印刷股份有限公司
版次：2023年9月第1版
印次：2023年9月北京第1次印刷
发行：新华书店北京发行所
开本：787mm×1092mm　1/16
总印张：6.5
总字数：155千字
总定价：78.00元（上下册）

前言

　　这是一套关于蜜蜂世界的科普绘本，图文结合配合情景漫画，书中有表现真实样貌的场景再现，也有令人莞尔的故事模拟。

　　当我们给小蜜蜂赋予人类社会的身份，让它们开口讲话，说出各自的欢喜忧伤，工作中遇到的艰难险阻，蜜蜂世界的分工行为就变得更好理解，这些小生命也变得更加可亲可爱。

　　本书将带你探访蜂巢里的神秘世界，观察蜜蜂发育的奇妙变化，领略工蜂酿造蜂蜜的独门手艺，感叹雄蜂短暂一生背负的悲壮使命，揭秘蜂王看似风光实则辛劳的育儿生涯，研究蜜蜂家族的生命轮回。

　　当我们体验过蜜蜂复杂的社会生活，一定会对这些默默工作的小朋友心生敬意，他们生命的每一分钟，都给了最爱的家人。

带着对蜜蜂的了解与喜爱，
为了让蜜蜂的生存变得更加舒适，
为了我们共同生活的世界变得更加美好，
让我们一起行动起来，
共同保护我们人类的好朋友
小蜜蜂吧！

著　者
2023年8月

目录

一、蜂巢里的秘密

野生蜂巢千奇百怪

蜜蜂是指蜜蜂科所有会飞行的群居昆虫。

蜂巢是蜂群生活、繁殖、贮存食物的场所。

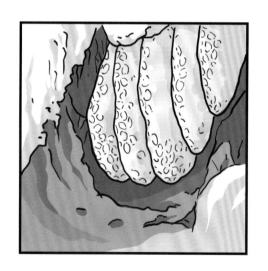

在野生状态下，蜂巢可以是树洞、岩洞。

蜜蜂会选择树干、中空的木头、岩壁或者石头裂缝筑巢。

养殖蜂箱就像超大公寓楼

人工饲养蜜蜂，养蜂人会给蜜蜂建造木质的人工巢础，
让蜜蜂在巢础上分泌蜂蜡，筑造巢脾，繁衍安家。
这样，养蜂人就能定期收取蜂蜜。

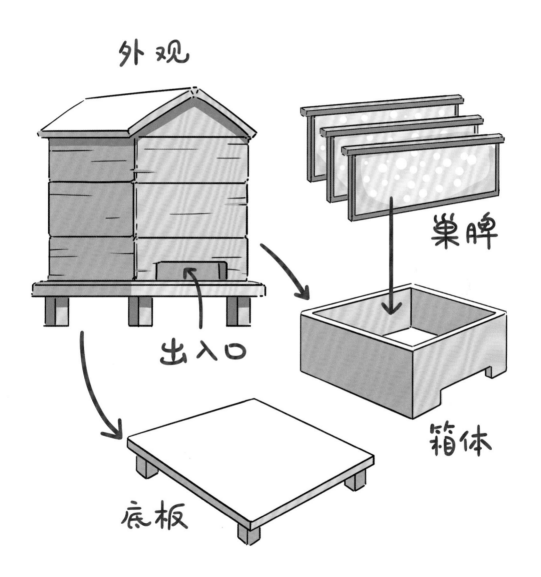

外观

出入口

巢脾

箱体

底板

巢脾和蜂蜡

巢脾

是组成蜂巢的基本单位。

工蜂能够筑造巢房，她们不用其他材料，只靠自己蜡腺分泌的蜡鳞，就能做出一个个六边形小房间。

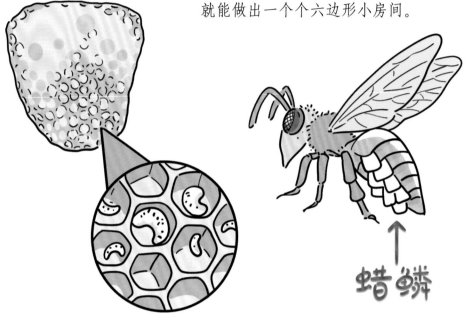

蜡鳞

数千个这样的六边形小房间组合在一起构成了巢脾。

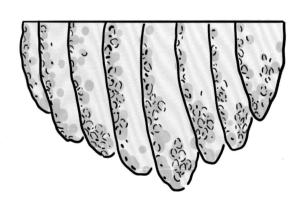

数个巢脾相互平行悬挂，并与地面垂直，就形成了蜂巢。

巢房根据用途可分为工蜂房、雄蜂房、王台、贮蜜房和过渡型巢房等类型。

工蜂房略小

雄蜂房略大

霸气的王台

贮蜜房

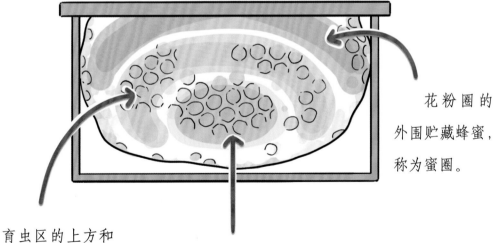

花粉圈的外围贮藏蜂蜜，称为蜜圈。

育虫区的上方和侧面常贮存花粉，称为花粉圈。

巢脾的中下部多用于育虫。

总观蜂巢整体，呈球状结构，中心是产卵育虫区，外围是蜂粮和蜂蜜组成的食物圈。

这样的分布有什么好处？

有利于稳定巢温，因为蜂蜜的比热大，在外围可形成保温层。

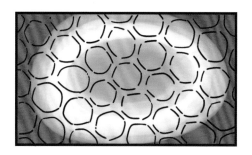

以球状体扩大或收缩育虫区速度快。

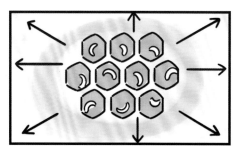

育虫需要大量的花粉和蜂蜜，哺育蜂在球心取食方便。

采集蜂栖息外围可处于温度较低的环境中。

奇奇怪怪的想法
——蜂巢里有厕所吗？

没有，蜜蜂非常爱干净，是不会在家里排泄的。

我们甚至可以忍一冬天直到外面的积雪融化才飞出去拉㞎㞎。

奇奇怪怪的想法
——巢脾都是纯天然的吗？

在蜜蜂养殖中会使用人工制作的巢础，也就是按照蜜蜂巢房的大小给蜜蜂做出的巢房基础，就像我们建造房屋打的地基一样。

蜜蜂在巢础上面叠加做成完整的蜂巢，这样的巢脾就是人类和蜜蜂合作完成的。

二、蜜罐里长大的宝宝

　　蜜蜂是集群生活的昆虫,蜂群的数量从几千到数万只不等,每一只"蜂"都有自己的任务和使命,承担着不同的分工。蜂王、工蜂、雄蜂三者相互配合使蜂群成为一个有机整体。

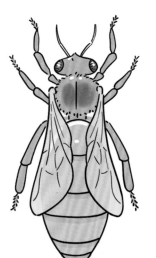

　　蜂王每天都会产下大量的卵,不断有新蜂羽化出房,使蜂群充满生命活力。

　　工蜂每日忙碌于喂养整个蜂群,保持蜂巢适宜的温度和湿度。

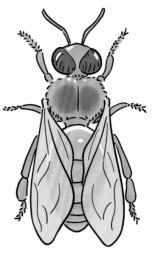

　　雄蜂承担着与处女王交配的责任,这样才能产生雌性后代,使蜂群得以延续。

蜜蜂世界是女儿国

蜂群里雄蜂的数量很少，蜂王和工蜂是蜂群最主要的组成部分，二者都是雌性蜂，因此，人们通常将蜂群称之为"女儿国"。

与大多数动物不同的是，蜜蜂卵受精或未受精都能发育。

通常情况是受精卵发育成雌性蜂。

未受精卵发育成雄性蜂。

卵

受精卵　　　　　未受精卵

雌性蜂 ♀♂　　　雄性蜂

工蜂　　　蜂王 ✕ 雄蜂

囍

工蜂是雌性蜂，但是它们的生殖器官发育不完全，在正常的蜂群中是不产卵的。

卵

受精卵　　　　　未受精卵

奇奇怪怪的想法
——采蜜的小蜜蜂是男孩子还是女孩子？

只有工蜂负责外出采蜜，工蜂是雌性，所以，每一只采蜜的小蜜蜂都是妥妥的女孩子。

当你在花丛里看到这些从日出到日落做着最繁重工作的女孩子时，请善待她。

营养是蜂王和工蜂的分水岭

受精卵会发育成雌性蜂，那么为什么有的受精卵发育成蜂王，有的受精卵发育成工蜂呢？其中的关键就是营养，不同的食物提供了不同的营养，进而使受精卵发育成角色不同的蜜蜂。

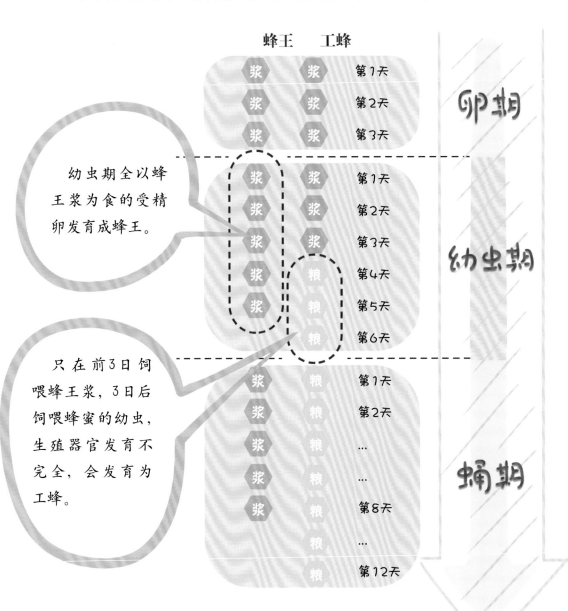

幼虫期全以蜂王浆为食的受精卵发育成蜂王。

只在前3日饲喂蜂王浆，3日后饲喂蜂蜜的幼虫，生殖器官发育不完全，会发育为工蜂。

被神话的蜂王浆

一辈子被工蜂用蜂王浆侍奉的蜂王，拥有无比强大的生育能力，一天最多可产卵两千个，是蜂群里的绝对中心。

奇奇怪怪的想法
——蜂王浆是怎么封神的？

蜂王浆相当于蜜蜂的母乳，会给蜜蜂注入强大的生命力。所以，蜂王浆也被人类当作生命力的神话。

蜜蜂宝宝的三次大变身

蜜蜂属于完全变态的昆虫，无论是蜂王、工蜂还是雄蜂，都要经历卵、幼虫、蛹、成蜂四个不同形态的发育阶段。

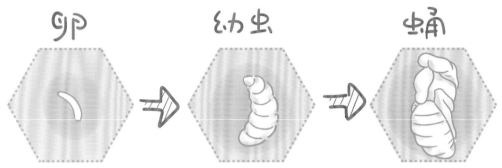

刚出生的蜜蜂宝宝是乳白色、略透明的卵，像色泽光亮的微型米粒。

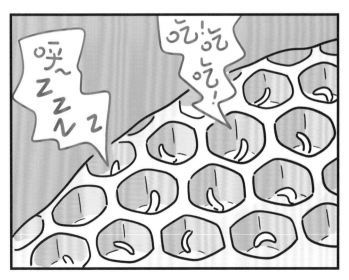

他们出生后就会进入发育状态，这时候一定要保证温度条件为32～35℃。

3天后，卵宝宝孵化为幼虫。幼虫的形状像新月一样，小小的，平卧在巢房底部。

第一次变身

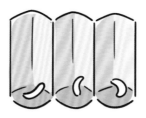

3日龄以前的幼虫，工蜂都会给他们饲喂蜂王浆，3日龄后他们的待遇就有差别了。

工蜂 + 雄蜂

工蜂和雄蜂幼虫饲喂蜂蜜和花粉的混合物，即蜂粮。

蜂王

蜂王幼虫在整个发育期均以蜂王浆饲喂。

第二次变身

幼虫封盖后会停止取食，吐丝作茧将自己包裹起来，逐渐由仰卧而伸直，将头部伸向巢房口，静止不动，开始向蛹期过渡。

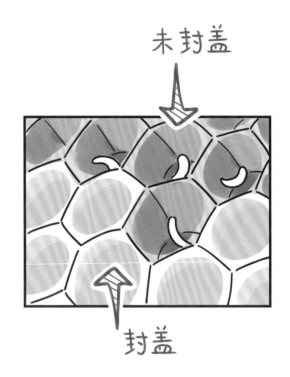

未封盖

封盖

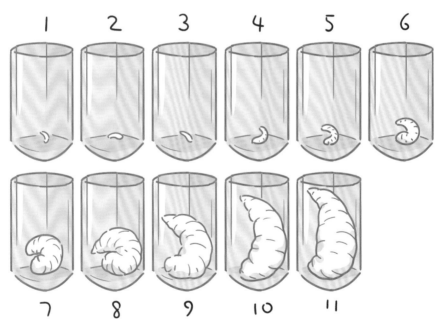

1 2 3 4 5 6

7 8 9 10 11

大约在蜜蜂宝宝出生后的第11天，他们会化成蛹，这个时候的蜜蜂可谓是"不吃、不喝、不动"。

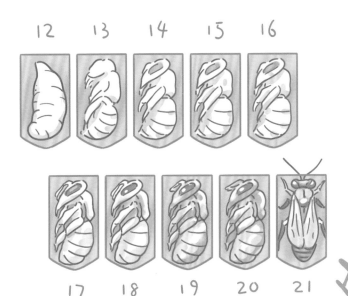

随着蛹期发育，他们的各种器官逐步成熟。

成熟后，蜜蜂便开始活动了，他会咬开巢房盖，羽化出房。

用力、用力、再使劲往外钻呀钻，小蜜蜂终于"化蛹成蜂"，开始他人生的旅程。

17

温暖舒适养育蜜蜂宝宝

任何生命的成长发育都需要适宜的环境条件，想要顺利地成长为一只健康的蜜蜂，需要适宜的温度、湿度、营养和巢房条件。

蜜蜂生长最适宜的温度
是 34 ～ 35℃。

> 小宝宝的生存温度是35℃，现在这么冷，宝宝可太难了！

温度过低会延缓发育时间。

温度过高会缩短发育时间，使个体发育不健壮甚至残翅。

> 哇！翅膀没长全，让我可怎么飞呀！

如果温度低于32℃或超过36.5℃，
蜜蜂会停止发育，中途死亡。

75%～90%的相对湿度是
最适宜的，湿度太高或太低，
都容易使蜜蜂生病，甚至死亡。

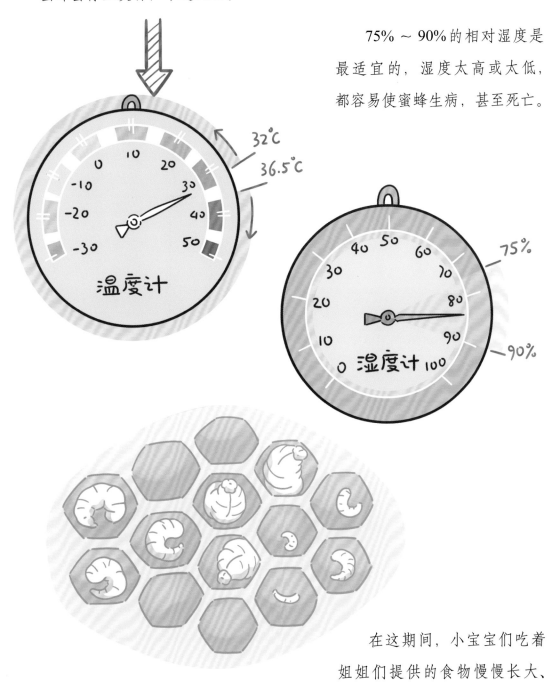

在这期间，小宝宝们吃着
姐姐们提供的食物慢慢长大、
织茧，经历一次完全的蜕变。

奇奇怪怪的想法
——完全变态到底是一种怎样的变态

　　昆虫在个体发育中经过卵、幼虫、蛹和成虫四个时期的叫完全变态，完全变态的幼虫与成虫在形态构造和生活习性上明显不同。

　　完全变态的昆虫有很多，所有蚊、蝇、蝶、蛾、蜂、甲虫等鳞翅目、双翅目、鞘翅目、膜翅目昆虫都是完全变态昆虫。

蜂王：专注生娃一辈子的老妈妈

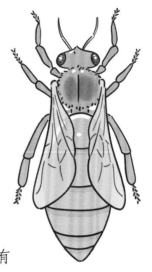

她体大腹长，是蜂群内唯一生殖器官发育完全的雌性蜂。

主要职能是与雄蜂交尾后产卵。

通常情况下，一个蜂群中只有一只蜂王。

她在一生中除交尾和分蜂之外，从不飞出蜂巢，周围有工蜂围侍和饲喂。

蜂王的一生大致分为四个阶段

处女王　　　　婚飞交尾　　　　产卵繁殖　　　　衰老更替

交尾之前的蜂王叫作

处女王

外柔内刚
处女王

蜂群在培育新蜂王时会筑造一种临时性的巢房，这就是王台。王台内的受精卵逐渐发育为幼虫、蛹，即将破茧出王台。

大约在新王出台前的二三日内，工蜂会主动为蜂王提供帮助。

咬去王台端部的蜂蜡，露出茧，使蜂王更容易出台。

到了出台的日子，蜂王会自己从内部顺着王台口，将茧咬开一环裂缝。如果发现王台端部的茧已经露出，就表明我们的处女王即将登场。

刚羽化的蜂王，还有些柔弱，体色较淡，常常待在王台内几小时。

不过她可不会饿着自己，蜂王会从王台的咬缝处伸出喙向工蜂求食。

健全的新王出台时十分活跃，这个新上任的小姑娘常常会巡视各个巢脾，寻找潜在的竞争者。

她会将那些成熟的王台破坏掉，用螯针将王蛹刺死，使自己成为蜂群内独一无二的女王。

蜂王刚出台时，腹部比较大，一两天后才会收缩。

刚出台的蜂王十分怕光，常潜入密集的工蜂堆中。

当时机成熟，处女王出房后3～4天进行认巢飞翔，4～5天性成熟后，就会开始人生的另一个阶段了。

奇奇怪怪的想法
——人工养殖的蜜蜂找不到处女王时该怎么办呢？

可以加入一张卵脾或三日内的小幼虫脾，如果脾被改造成王台，则表示失王，否则处女王还在蜂群中，就不需要担心了。

没有女王就没有宝宝，但我们的家族不能散。

对，我们扶立新女王。

空中婚礼

处女王与雄蜂的交尾是在高空中进行的，所以人们形象地称之为婚飞。婚飞是整个蜂群的大事，此时所有的成员都会来参与见证这场盛事，其他活动几乎停止。

当蜂王在巢内准备婚飞时，会有一群工蜂簇拥在旁并陪同起飞，如果处女王有丝毫的犹豫，工蜂就会不客气地加以阻拦。

哼，我不想结婚！

这个婚一定要结，传宗接代、家族复兴全指望您呢。

蜜蜂的飞行能力很强，处女王婚飞时交尾半径可在10公里以外。

一次婚飞可连续和几只雄蜂交配，也可重复婚飞。

从此以后，我就是个妈妈了。

蜂王在婚飞过程中与12～14位情郎交配后，会将精子贮存在受精囊中，供一生产卵之用。

您可是能生育几十万个宝宝的超级妈妈。

在产卵后，蜂王终生不再交配。

处女王交尾时间

最早发生于6日龄

最迟是13日龄

1 2 3 4 5 **6** 7 **8** **9** 10 11 12 **13**

大部分发生在8～9日龄

午后2—4时正是天气明媚、条件适宜的时候，此时外界气温高于20℃以上、无风或微风，蜂王交尾即发生在此时。

气候越好，
雄蜂越多，
对交尾就越有利。

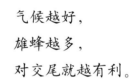
我生不动了，必须退位，家业更重要。

在不适宜的气候条件下，处女王交尾，只有少量精液贮存在受精囊中，通常会提早被淘汰。

28

蜂王与雄蜂的交尾十分短促，交尾结束后，雄蜂也完成了自己的使命，会立即死去，这或许有一些残忍。

再见，我的新娘，我把生命献给你。

蜂王交尾后返回蜂巢，螫针腔常常拖带一小段白色絮状物，称为"交尾标志"。

看，女王的白色战旗！

蜂王交尾后2～3天便开始产卵。如果是重复交尾，14小时后就可产卵。

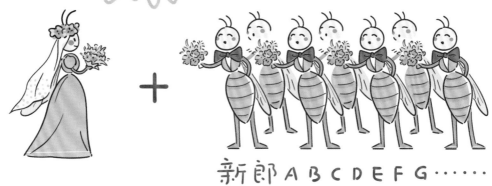

新郎ABCDEFG……

蜂王产卵能力与多种因素有关。

一只优良的蜂王，如果蜂群强壮，一年产卵可达20万粒以上。

20万粒

55～65万只

依据蜂王的产卵力以及工蜂的寿命计算，一个意蜂强群，工蜂数量可达5万～6万只。

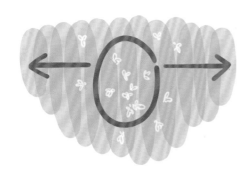

蜂王产卵时，总是从蜜蜂集中的巢脾开始，然后向左右扩展。这样的巢脾一般都集中在蜂巢中心位置。

一般情况下，蜂王会在每个巢房产一粒卵。

在巢房相对缺少的时候，也可在同一巢房内重复产卵。

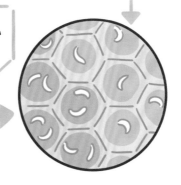

在一张巢脾中，产卵范围呈椭圆形，养蜂术语上称为"产卵圈"，或简称"卵圈"。

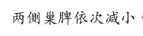

卵圈

中央巢脾的产卵圈最大

两侧巢脾依次减小

总观整个蜂巢的产卵区，呈椭球体状。

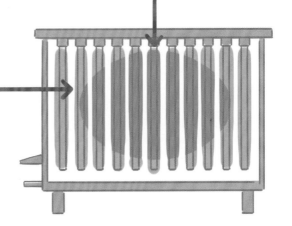

蜜蜂的卵并不是都待在一处的，蜂王会分别在工蜂房、王台内产下受精卵，分别发育为工蜂、蜂王。在雄蜂房中产下未受精卵，发育成为雄蜂。

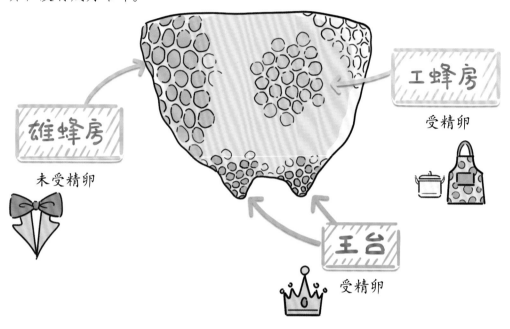

蜂王和工蜂、雄蜂的发育时间是不同的，蜂王发育时间最短，雄蜂发育时间更长一些。

蜜蜂各阶段发育期（西方蜜蜂）				
型别	卵期	未封盖幼虫期	封盖期	产卵至羽化日期
蜂王	3天	5天	8天	16天
工蜂	3天	6天	12天	21天
雄蜂	3天	7天	14天	24天

蜂王的寿命长达数年，是整个蜂群中寿命最长的蜂型，但是一般在两年后，产卵力开始下降，逐渐衰老。

此时的蜂群会进行自然交替，自然交替后的新蜂王可以为母亲"养老"，直至老蜂王自然死亡。

其他状况下，蜂王相遇，要进行决斗，其结果是一只蜂王将另一只蜂王刺死。

四、因恋爱脑送命的情场浪子

雄蜂比工蜂体积大，比蜂王体积小，体型粗壮，是蜂群中的雄性成员，他们的职能就是与处女王交尾。

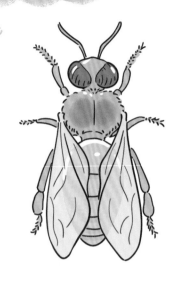

雄蜂由未受精卵发育而成，通常春末或夏初才开始出现，一个蜂群中的雄蜂数量从几十只到上百只不等。

他们一辈子都被工蜂喂养，每天的工作就是训练自己的飞行能力，寻找为女王献出爱和生命的机会。

我们因爱出生。

也将为爱献身。

蜜蜂培育雄蜂不只是为了本群繁殖的意愿，同时也是为了种族的生存。

所以，雄蜂不受群体限制，没有群界，可以在不同的蜂场和蜂群里自由出入，工蜂不会阻拦和攻击它们。

奇奇怪怪的想法
——蜜蜂会近亲结婚吗？

这些四处游荡求偶的小伙子很聪明，能分辨亲缘关系，不会去追求自己同族的女王，近亲结婚的情况也就没机会发生。

我是雄蜂，不是熊蜂

奇奇怪怪的想法
——雄蜂和熊蜂一样吗？

熊蜂：膜翅目蜜蜂总科熊蜂属，是蜜蜂的近亲。

雄蜂：是指蜂群里的雄性蜂。

> 我是熊蜂中的男孩子。

> 我是熊蜂中的女孩子。

熊蜂是一种毛茸茸、胖胖又温和的小家伙，他们身形笨拙，有点可爱。

不管熊蜂家族还是蜜蜂家族，都是由蜂王、雄蜂和工蜂组成的。

短暂荣耀的一生

姐姐我饿了！

刚出房的雄蜂静静地待在蜂巢里，由工蜂饲喂，像是在慢慢熟悉这个世界，7天后，雄蜂才会出巢飞行。

出房第12～27日雄蜂进入了"青春期"，是交尾最适宜的时期，性成熟的雄蜂经常在晴暖的午后2—4时出巢飞行，寻找美丽的处女王进行交尾。

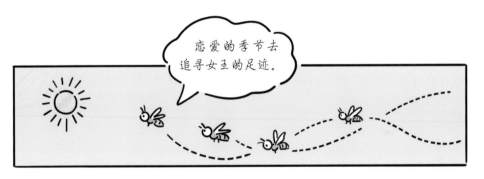

恋爱的季节去追寻女王的足迹。

雄蜂的寿命短暂，通常情况下只有2个月的时间，如果蜜源充足可达3～4个月。

在完成交尾使命后，会立即死亡。

我们为交配而生，因交配而死。

不是所有的雄蜂都会有与处女王交尾的"幸运"，因为处女王的飞行速度很快，只有少数更加健壮的雄蜂才能追上处女王的脚步，这也是自然界中的优胜劣汰。

至于没有进行交尾的雄蜂，当秋季蜜源逐渐减少时，工蜂会把雄蜂驱逐到蜂箱侧壁或箱底处，不让他吃蜜，最后被逐出巢外而死亡，雄蜂的一生就此结束。

五、身兼多职一生辛劳

工蜂

在蜂群中体型最小、数量最多，是蜂群中的主要成员。

通常，一只工蜂的第一份工都是清洁工，她们从打扫蜂巢开始自己的打工生涯。随着年龄的增长，她们的工作范围会从蜂巢中心开始逐渐往外部扩散。

你们第一项要学习的技能就是收拾房间。

做饭带孩子、打仗盖房子，除了不会生孩子，所有的事都是我们做。

蜂巢里除了生殖以外的所有任务都由工蜂承担，如采集花蜜花粉、酿制食物、饲喂蜂王、哺育幼虫、修造巢脾、清理蜂房、调节巢内温度和湿度、防御敌害等。

奇奇怪怪的想法
——所有的蜜蜂都蜇人吗？

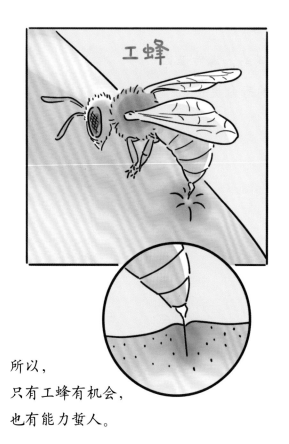

工蜂

所以，
只有工蜂有机会，
也有能力蜇人。

雄蜂

没有螫针不能蜇人

雌性的蜂王和工蜂有螫针，但蜂王只有在婚飞和分群时才离开蜂巢。

记住，别惹蜜蜂。

蜜蜂尾部的螫刺有倒钩，当她出于自卫蜇人后拔出毒针时，自己的内脏也会被拔出来，所以，它的生命也就没有多久了。

工蜂：终日劳作的姐妹

我有公主命！

蜂王 ⟷ 工蜂

我有打工魂！

都是受精卵发育而成的，遗传基因一致，但是为什么蜂王的寿命更长呢？

其原因除了蜂王的食物更有营养以外，还有一个很重要的原因是工蜂的劳动强度较大，生命消耗太快。

在蜂产品生产季节，工蜂劳动强度最大，寿命短。蜂巢里的工蜂大约一个月就全部换代一次。

加油干啊姐妹们！

没有参加哺育和采集的工蜂，劳动强度稍低，也能成为长命蜂，比如越冬期前出房的新蜂，体内营养积累多，就变成了长命的冬季蜂，可生存6～8个月。

呼 呼 呼 呼 呼

一只工蜂的身份牌

哺育蜂

清洁蜂

守卫蜂

侦察蜂

采集蜂

建造蜂

根据蜜蜂在不同时期的重点工作，习惯上将其分为幼、青、壮、老四个时期。

 幼 分泌王浆之前的工蜂称为幼蜂。

内勤

幼蜂和青年蜂主要从事巢内工作，统称为内勤蜂。

青 在这以后担任巢内主要工作时期的工蜂称为青年蜂。

 壮 从事采集工作的工蜂称为壮年蜂。

外勤

壮年蜂和老年蜂主要从事巢外工作，统称为外勤蜂。

 老 采集后期绒毛已被磨光、腹部发黑的工蜂称为老年蜂。

搬砖工蜂的成长史

3日龄以内的工蜂，不能自主取食，由其他工蜂喂食，此时能担任保温孵卵、清理巢房等工作。

4日后的工蜂能够调制花粉，喂养大幼虫。

6 ～ 12日龄的工蜂，王浆腺发达，分泌王浆并饲喂小幼虫和蜂王。

12日龄以后，开始多次认巢飞行并进行第一次排泄。

健康的蜜蜂不会在巢内排泄。

13 ~ 18日龄工蜂，蜡腺发达，可以做筑造巢脾、清理巢箱、酿蜜、夯实花粉等大部分巢内工作。

从事采集工作的蜜蜂一般始于17日龄。20日龄后，其采集能力达到鼎盛，从事花蜜、花粉、蜂胶和水的采集工作。

工蜂在生命后期通常担任蜂巢的守卫工作，直至衰老死亡。

无论是工蜂、蜂王还是雄蜂，他们的一生都在为群体的繁衍而忙碌，直至献出全部生命，孤独地离开这个世界。